OBSERVATIONS

SUR LA NATURE ET LA DISTRIBUTION

DES FUMEROLLES

DANS L'ÉRUPTION DU VÉSUVE

DU 1er MAI 1855;

PAR

CH. SAINTE-CLAIRE DEVILLE.

PARIS,

MALLET-BACHELIER, IMPRIMEUR-LIBRAIRE

DE L'ÉCOLE IMPÉRIALE POLYTECHNIQUE, DU BUREAU DES LONGITUDES,

Quai des Augustins, 55.

Sept. 1855

OBSERVATIONS

SUR LA NATURE ET LA DISTRIBUTION

DES FUMEROLLES

DANS L'ÉRUPTION DU VÉSUVE

DU 1er MAI 1855.

§ Ier. — OBJET DU MÉMOIRE. — TRAITS GÉNÉRAUX DE L'ÉRUPTION DU 1er MAI 1855.

L'éruption du Vésuve qui a immédiatement précédé celle dont il s'agit ici a eu lieu en février 1850. Elle a été des plus remarquables, tant à cause de l'abondance des laves qu'elle a rejetées, que parce qu'elle a changé complétement la disposition du sommet du cratère. M. le professeur Scacchi en a donné une excellente relation, et l'on peut voir dans son intéressant Mémoire, publié dans les *Annales des Mines* (1), le plan des deux grandes cavités qui se sont ouvertes sur le plateau supérieur du Vésuve. L'un des résultats les plus curieux de cette éruption est d'avoir produit une sommité qui, dépassant notablement la *Punta del Palo*, est devenue le point culminant de la montagne et pourrait s'appeler *Pic de 1850*, ou, en italien, *Punta del 1850*. Deux observations barométriques, faites le

(1) Quatrième série, tome XVII, page 323.

22 mai et le 23 juin, m'ont donné entre ces deux points une différence en hauteur de $57^{m},5$ (1).

Depuis 1850, rien n'annonçait l'approche d'une éruption, si ce n'est peut-être le nombre et la haute température des fumerolles du sommet, lorsque le 14 décembre dernier, à $8^{h}\ 30^{m}$ du soir, s'ouvrit au pied occidental du Palo, et dans la portion sensiblement plane du plateau supérieur, une cavité conique presque circulaire, dont le diamètre et la profondeur sont tous deux évalués à 80 mètres par M. Guiscardi, à qui l'on doit un dessin de la nouvelle disposition du cratère supérieur.

Tel a été, à vrai dire, le premier acte de l'éruption actuelle, dont l'explosion a eu lieu, le 1er mai, vers 4 heures du matin.

Elle a été suivie avec le plus grand soin, dans toutes ses phases, par une Commission de l'Académie royale des Sciences de Naples, et notamment par M. le professeur Palmieri qui a fait, dans ce but, plusieurs séjours successifs à l'observatoire construit, il y a quelques années, vers le point culminant de la colline du Salvatore.

Arrivé à Naples le 21 mai (2), et témoin de la fin de la période active de l'éruption, je me suis particulièrement attaché, pendant les deux séjours que j'ai faits sur les lieux (du 21 au 30 mai et du 17 au 30 juin), à étudier les phénomènes qui se rattachent aux dégagements de matières gazeuses.

C'est sur cette partie délicate et encore obscure des manifestations volcaniques que je désire surtout appeler l'attention dans ce Mémoire, n'insistant, d'ailleurs, sur la struc-

---

(1) Les nombres donnés par mes deux observations sont $56^{m},3$ et $58^{m},7$. On voit que ce résultat diffère considérablement des 80 mètres que M. Amante a déduits de mesures géodésiques.

(2) L'annonce de l'éruption n'a été connue à Paris que par les journaux du 12 mai. Commencée le 1er, la période active, caractérisée par la sortie de la lave, a fini le 28.

ture de la lave et sur son allure générale, qu'autant qu'il sera nécessaire pour l'intelligence de mon sujet.

Je ne m'étendrai point ici sur l'historique de l'éruption, qui sera sans aucun doute traité complétement dans le travail de la Commission napolitaine. Je me bornerai, pour fixer les idées, à reproduire le court exposé suivant, qui m'a été obligeamment communiqué, à Naples, par M. le professeur Palmieri (1), et qui a été rédigé par lui à la date du 14 mai.

« Dans la matinée du 1er mai, vers 4 heures, pendant » que du sommet de la montagne s'échappait une quantité » extraordinaire de fumée, qui durait déjà depuis trois » jours, un sombre mugissement, répété par les remparts » élevés du *Monte-Somma*, annonça tout à coup le com- » mencement d'un nouvel et terrible embrasement. Il se » forma d'abord quatre bouches qui vomirent de la lave et » des blocs incandescents, mêlés à des globes de fumée » lancés avec une grande violence et un bruit effroyable ; » puis bientôt de nouvelles bouches parurent, de sorte que, » dans la soirée du 1er mai, nous pûmes en distinguer sept, » et enfin, dans une nouvelle exploration, dix ou onze. » Toutes ces bouches ou tous ces cratères se sont ouverts » dans la direction du goufre de décembre, sur la pente » septentrionale du cône, pente rapide et couverte de » *lapilli*, et qui formait précisément le chemin par lequel » on descendait du sommet de la montagne. Non-seule- » ment les anciens cratères de la cime continuèrent à reje- » ter des vapeurs, mais le gouffre formé en décembre 1854 » devint plus profond et donna des signes d'une éruption » commençante. Le cratère le plus élevé est placé au-des- » sous du sommet d'une quantité égale environ au quart » de la hauteur du cône : le plus bas s'élève à peine de » 30 mètres au-dessus du niveau de l'*Atrio del Cavallo*. » Ils sont placés tous à peu près sur une même ligne, ce

(1) Je dois des remercîments tout particuliers à M. le professeur Scacchi, dont le bienveillant concours ne m'a jamais fait défaut.

» qui indique que le cône s'est déchiré suivant une fissure » dans toute sa longueur.

» L'ouverture supérieure ne donna qu'une petite quan- » tité de laves, qui se solidifia au pied de la montagne; mais » les plus basses vomirent des laves abondantes et liquides » qui couraient sur la pente rapide comme l'eau dans un ca- » nal, et formèrent deux fleuves incandescents qui, perdant » de leur rapidité à mesure qu'ils avançaient en serpentant » dans l'*Atrio del Cavallo*, se coagulèrent en un lac de feu, » qui aurait défié l'imagination d'un poëte. La matière li- » quide se déversa vers l'ouest, du côté où la portait la pente » légère du terrain, et le 1er mai, à 7h 30m du soir, la lave, » après avoir recouvert d'autres courants plus anciens, vint » se jeter dans le *Fosso della Vetrana*, suivant le même » cours que la lave de 1785, qui détruisit le petit sanctuaire » *della Vetrana* ou *Veterana*, et qui fut trouvée encore » chaude par Breislak, sept ans après sa sortie. En tom- » bant dans ce ravin, la lave se précipitait du haut » d'un rocher vertical de tuf, et formait la cascade la » plus merveilleuse, détruite ensuite par l'énorme quan- » tité de scories accumulées dans le gouffre situé au- » dessous et qui ont entièrement changé la configuration » du sol. La matière incandescente qui courait dans le » ravin de la Vetrana atteignit les flancs de l'observatoire » le 2 mai, à 5 heures du matin, et à 11 heures elle se » jetait dans le *Fosso di Faraone*, placé au-dessous, for- » mant une seconde cascade resplendissante comme la pre- » mière. Le ravin de la Vetrana a environ 1 mille de long. » Dans ce ravin, l'accumulation de la lave atteint une hau- » teur de 100 et même de 150 palmes (26 à 40 mètres) : » elle a détruit une partie des bois communaux de Pollena » et des taillis de châtaigniers dépendant pour la plupart » de Resina.

» Le 5 mai, au soir, le courant enflammé se montrait » près des maisons des habitants effrayés de Massa et de » San-Sebastiano; mais, toute la nuit, il se maintint comme

» pétrifié, et le lendemain matin, à 10 heures, nous le » trouvâmes sans mouvement; mais l'éruption, qui s'était » un peu calmée dans la journée du 4, ayant pris une » force nouvelle dans la nuit du 5, versa de nouvelles et » plus abondantes laves sur les premières, et, faisant irrup- » tion sur celles dont l'intérieur était encore à l'état pâ- » teux, le torrent de feu s'achemina de nouveau après la » pause qu'il avait faite, et le 7, vers le milieu du jour, il » entourait le pont et les premières habitations des deux vil- » lages en question, abandonnés par la plus grande partie de » leurs habitants. Du commencement du Fosso di Faraone » jusqu'au pont qui joignait Massa et San-Sebastiano, il » courut environ 2 milles (1). La lave s'accumula sur le » pont, qui resta enseveli, et poursuivant son chemin dans » ce nouveau lit, se déversa sur les premières maisons » et sur les champs de ces deux villages, entoura, sans » grand dommage, le cimetière commun de Massa, Pollena » et Cercola, et s'approcha de ce dernier village. Là se » trouve un autre pont qui fut démoli par ordre supérieur, » afin que le torrent de feu, arrêté par lui, ne vînt pas se » répandre sur les fertiles campagnes et sur les habitations.

» Malgré toutes les précautions de l'autorité, le terri- » toire et les maisons de la Cercola et peut-être aussi celles de » Pollena auraient souffert de grands dommages d'un nou- » veau torrent, le plus considérable et le plus terrible que » j'eusse encore vu, et qui passa devant l'observatoire dans » la matinée du 9, à 8 heures. Mais ce dernier, en descen- » dant le ravin de Faraone, prit à gauche, sur les terres » d'Apicolla, et nous le vîmes détruire, avec une vitesse » incroyable, forêts, arbres fruitiers et habitations cham- » pêtres, se précipiter dans le ravin de *Turrichio* ou de » *Scatuozzo* et, répandant partout la désolation, menacer » *San-Giorgio a Cremano*....

---

(1) Les eaux pluviales des ravins de la Vetrana et de Faraone sont canalisées pour le travail des manufactures.

» Revenons maintenant aux cratères que nous avons » laissés pour suivre le cours de la lave. Ils furent tous en » pleine activité pendant les trois premiers jours de l'érup- » tion; mais le quatrième, on vit décroître la violence de » quelques-uns d'entre eux, principalement des plus éle- » vés, parmi lesquels est le plus grand : les autres montrè- » rent aussi moins de puissance, les mugissements inté- » rieurs cessèrent, et les pierres étaient lancées à une » moindre hauteur et avec moins d'abondance. Dans la » soirée du 5, les cônes inférieurs surtout reprirent de la » vigueur et la lave se déversa plus abondamment. Dans la » soirée du 7, on vit croitre aussi la violence des plus » élevés de ces cratères, de sorte que, cette nuit et le jour » suivant, on entendit de fréquents mugissements qui nous » décidèrent à faire une nouvelle excursion, et nous trou- » vâmes que l'un d'eux sifflait avec véhémence comme la » soupape de sûreté d'une énorme chaudière à vapeur, » qu'un autre mugissait à de courts intervalles avec un » bruit indéfinissable. Sur l'un de ces fleuves de feu dont » nous avons parlé, la lave avait, avec ses scories, formé » un pont singulier d'un seul morceau, léger et brillant, » et vraiment merveilleux à voir.

» Les pierres incandescentes, accompagnées de grand » bruit, s'observèrent surtout pendant les deux ou trois » premiers jours, puis les blocs devinrent plus rares, et les » bruits se réduisirent à des souffles ou à des sifflements qui » ne se percevaient que de près. Mais, dans la nuit du 5, » les bruits prirent un autre caractère. On entendit des » retentissements alternatifs, comme ceux de deux massues » qui frapperaient sur les parois d'une voûte. Ces bruits » n'étaient pas continus; de temps à autre, ils cessaient ou » devenaient très-faibles. A partir de la soirée du 9, on » n'entendit plus de bruits retentissants, mais un siffle- » ment semblable à celui que produit le vent en passant » au travers d'une fissure étroite, et assez fort pour être » perçu de l'observatoire, qui est cependant placé, en ligne

» droite, à 2 milles des bouches. Le sifflement dont nous » parlons était produit par un petit cône extrêmement aigu » à sa cime et cessa dans la journée du 12. La plus grande » partie des pierres était lancée par un des cônes du milieu, » lequel, à partir du 8 mai, resta parfaitement muet.

» Cette lave, qui, par une sorte de miracle, a laissé » presque intacts les villages de Massa et de San-Sebastiano » et qui s'est arrêtée, comme par enchantement, au-dessus » de Pollena, de la Cercola, de San-Giorgio, qu'elle mena- » çait, a parcouru un espace d'environ 6 milles en lon- » gueur et a rempli presque un tiers du Fosso de la Ve- » trana, dans lequel elle a laissé des montagnes saillantes » de scories. Le ravin de Faraone est comblé dans le bas » comme dans le haut, de sorte que s'il venait dans la même » direction de nouvelles laves aussi abondantes que les pre- » mières, elles pourraient être funestes à des régions qui, » jusqu'à présent, n'étaient point soumises à ce genre de » dangers, et alors on pourrait peut-être voir menacés » l'ermitage du Salvatore qui résiste depuis 1664, et l'ob- » servatoire royal du Vésuve. Mais, si ce dernier avait » répondu aux questions que la science lui avait posées, » ses ruines seraient saluées avec respect par les savants » étrangers qui viennent, des contrées les plus éloignées, » faire le pèlerinage du Vésuve. »

Comme l'éruption de 1850, celle-ci a donc entamé le cône du Vésuve du côté intérieur ou sur le flanc qui regarde la *Somma* (1). Les diverses bouches ou ouvertures qui ont laissé écouler la lave se sont très-sensiblement alignées sur une même arête du cône, et cette fissure, siége actuel de l'éruption, vient précisément passer vers le centre de la cavité circulaire formée, au sommet du volcan, en décem-

(1) Pour la structure générale du Vésuve et de la crête circulaire qui l'entoure sous le nom de *Somma*, je ne puis mieux faire que de renvoyer au Mémoire publié en 1835 par M. Dufrénoy (*Annales des Mines*, 3e série, t. XI, p. 113

bre 1854. On voit donc, dès l'abord, dominer ici, comme dans toute manifestation volcanique, ces deux tendances en apparence opposées, mais qui, en réalité, se complètent l'une l'autre, et suivant lesquelles les forces semblent à la fois se répartir longitudinalement sur toute l'étendue d'une ligne et se concentrer en certains points déterminés de cette ligne. Cette double tendance, qui, dans les phénomènes généraux, se traduit par les *alignements volcaniques* et par les *volcans centraux* (1), se retrouve aussi dans les manifestations secondaires, par exemple dans une éruption isolée, dont le trait principal est toujours une fissure diamétrale, sur laquelle s'échelonnent de petits centres locaux, qui sont les bouches ou les orifices de l'éruption.

Dans un grand nombre de volcans, ces centres locaux acquièrent une certaine importance; de sorte que le point initial d'une coulée est presque toujours signalé et comme fixé sur la carte par la présence d'un ou de plusieurs cônes formés de scories accumulées. C'est ce qu'on observe à l'Etna, et sur une foule de volcans doléritiques ou basaltiques. Le Vésuve lui-même n'est pas entièrement dépourvu de ces grands cônes de scories; le plus considérable est celui au sommet duquel a été bâti le couvent des Camaldules. Mais ces grands cônes sont très-rares au Vésuve, et, dans la plupart des nombreuses éruptions de ce volcan, il ne se détermine aux points d'orifice des coulées que d'assez faibles accumulations de matières fragmentaires, qui finissent même souvent par disparaître par l'effet des agents météoriques. Tel est le cas de la dernière éruption qui a produit onze ou douze de ces petits cônes éphémères, groupés autour de trois centres successifs d'émission lavique.

---

(1) Les volcans centraux de M. Léopold de Buch ne sont jamais, comme je l'ai fait voir ailleurs, que des points singuliers des alignements volcaniques, et, le plus ordinairement, des points où viennent se couper deux ou plusieurs alignements. Il y a donc encore là concomitance des deux tendances que je signale ici.

Mais, quelles que soient les dimensions de ces cônes de débris, ils sont évidemment dus à une même cause, à la sortie sous une forte pression de substances gazeuses, entraînant avec elles des portions détachées de la masse lithoïde en fusion. Puis, après cette dernière explosion, les substances gazeuses, qui faisaient évidemment corps avec la lave, qui la pénétraient intimement, s'en séparent sans effort, et cette action se poursuit pendant toute la durée du refroidissement de la masse. Il s'établit ainsi des émanations dont le dégagement peut se prolonger pendant plusieurs années, et dont la nature paraît varier avec le point de la lave d'où elles proviennent, et avec le moment de leur sortie. Ces émanations ou *fumerolles* transportent avec elles des matières solides ou gazeuses, susceptibles de réagir les unes sur les autres ou sur les divers éléments de l'atmosphère : de sorte que chacun de ces petits cônes et, en outre, une foule d'autres points sur le parcours de la lave deviennent, pendant un temps plus ou moins long, les foyers d'une infinité de réactions chimiques, variables avec le temps et le lieu, et se traduisant finalement par le dépôt d'un petit nombre de minéraux stables.

En définitive, lorsqu'on envisage les circonstances générales d'une éruption volcanique, on est amené à la considérer comme un phéonomène naturel destiné à produire au jour un magma, doué d'une très-haute température, et dans lequel se trouvent amalgamés, à un état qu'il est difficile encore de définir, en même temps que les substances fixes qui formeront les minéraux ordinaires des laves (feldspaths, pyroxènes, péridots, etc.), des matières volatiles qui se résoudront, d'une part, en gaz ou vapeurs qui se répandront dans l'atmosphère, de l'autre, en minéraux solides (soufre, sulfates, chlorures, oxydes, etc.) qui tapisseront certaines cavités de la lave elle-même. En d'autres termes, nous sommes encore ramenés, à la fois par la considération des phénomènes chimiques et mécaniques d'une éruption, à cette vue remarquable qu'un savant éminent (1) a introduite dans la géologie chimique, en distinguant les minéraux *formés à la manière des laves* des minéraux *formés à la manière du soufre.* Si ces derniers jouent, *en tant que minéraux,* un rôle relativement moins important dans les laves actuelles que dans les roches plus anciennement solidifiées comme les granites, il n'est pas certain que la masse des substances gazeuses destinées à les produire présente la même disproportion. Et, dans tous les cas, l'étude de ces fumerolles de nos volcans, dans leur double rapport avec la lave d'où elles émanent et avec les substances concrétionnées qu'elles déposent, est de nature à jeter un grand jour sur les phénomènes analogues qui ont dû se passer aux époques les plus anciennes, mais dont l'existence n'est plus trahie à nos yeux que par les produits solides qui en sont les traces et les témoins.

On voit quelles études variées et fécondes en applications peut offrir l'observation de ces fumerolles volcaniques durant la période active de l'éruption et durant les périodes consécutives. Depuis Humphry Davy et Gay-Lussac, d'habiles chimistes et minéralogistes, parmi lesquels je citerai particulièrement MM. Boussingault, Daubeny, Bunsen et Scacchi, ont fait, à diverses époques, des travaux intéressants sur ce sujet. Mais les recherches ont porté jusqu'ici plutôt sur la nature des produits gazeux ou solides que sur la distribution des fumerolles dans les diverses parties de l'appareil volcanique et sur les variations qu'elles présentent avec l'époque et le lieu de leur sortie.

Au point de vue de l'éruption, on peut diviser en trois portions distinctes l'appareil volcanique : en premier lieu, celle où s'est manifesté le maximum d'activité ou le foyer propre de l'éruption, qui n'est autre chose que la fissure

---

(1) Élie de Beaumont, des Émanations volcaniques et métallifères (*Bulletin de la Société Géologique de France*, 2e série, tome IV, page 1249).

diamétrale du grand cône, sur l'étendue de laquelle se sont établis les orifices; puis, l'espace placé *au-dessus* de la fissure, en y comprenant le sommet du volcan; enfin toute la portion de la montagne située *au-dessous* de la dernière bouche et affectée par l'éruption, ou la coulée proprement dite. Je décrirai successivement ce que j'ai remarqué dans les fumerolles de ces trois tronçons de l'appareil volcanique, pendant la période d'activité proprement dite et après que, la lave ayant cessé de couler, eut commencé la période décroissante de l'éruption. Mais, auparavant, il me semble indispensable de jeter un coup d'œil général sur la fissure elle-même et sur la lave qui s'en est épanchée.

§ II. — De la fissure et de la lave.

La fissure initiale s'aligne à peu près exactement du nord au sud (de la boussole), ou de la dépression placée au pied de la *Punta del Palo*, sur un point de la Somma situé à quelques degrés à l'ouest de la *Punta di Nasone*. Simple à son origine (située, d'après mon observation barométrique, à 138 mètres au-dessous de la Punta del Palo), la fissure se trouve ensuite, plus bas, dédoublée ou plutôt bordée de chaque côté par une ligne de petits cônes. Il en est résulté, par le fait, trois centres d'émission, de moins en moins élevés sur la surface du grand cône. Le premier de ces centres a donné, au début de l'éruption, outre un petit courant très-liquide de peu d'étendue, une première lave qui a coulé sur le bord occidental de la fissure. Le deuxième a rejeté, le 18 mai, une lave qui a présenté un caractère particulier : elle est presque entièrement composée de fragments scoriacés; parmi ces scories on remarque un grand nombre de morceaux arrondis et isolés, et lorsqu'on vient à les briser, on trouve au centre un fragment de la roche pyroxénique du Vésuve, entouré d'une couche uniforme de matière lavique. Une circonstance remarquable est que le fragment intérieur est toujours intact et ne présente aucune trace de fusion. Cette seconde émission a suivi le bord oriental de la fissure.

Enfin, le troisième centre, le plus bas placé, composé de trois petits cônes élevés de 50 à 60 mètres seulement au-dessus de l'Atrio del Cavallo, a fourni la dernière lave, que j'ai vue couler du 21 au 27 mai : elle s'est étendue, comme la première, à l'ouest de la grande fissure. Cette dernière lave contraste, par ses caractères, avec les deux premières, sur la surface desquelles elle est venue s'étaler. Tandis que celles-ci constituent des masses colorées en brun, en rouge, en jaune, et uniquement formées de matériaux scoriacés, isolés dans le milieu de la coulée, et ne se consolidant que sur les parois pour former les deux remparts latéraux, les dernières laves émises consistent en masses contournées, tordues, présentant quelquefois, à s'y méprendre, l'apparence de cordages grossièrement enroulés. Ici rien de fragmentaire : la coulée ne forme qu'un tout sans aucune discontinuité, et parfois comme un plancher à surface très-irrégulière et d'une singulière sonorité. Cette variété est toujours noire ou d'un brun extrêmement foncé ; elle est hérissée, à sa surface, de la manière la plus bizarre, et présente une infinité de pointes aiguës et délicates dont l'extrémité est très-souvent colorée par du chlorure de fer.

Ces trois émissions de lave ne se sont pas indifféremment mélangées ou superposées : mais elles se sont comme *engaînées* l'une dans l'autre, la dernière occupant toujours l'axe du courant, et, vue d'en haut, cette disposition se traduit très-nettement par l'apparence zonaire et rubanée que présente l'ensemble de la lave avant que ses surfaces aient subi les dégradations atmosphériques.

Au reste, les formes qu'affecte, après sa solidification, la matière même des courants doivent varier, suivant les pentes et suivant le degré de liquidité, ou, si l'on veut, suivant la température de la lave à sa sortie.

Ces deux circonstances influent naturellement aussi sur l'état de la surface de la matière incandescente en mouvement. Lorsqu'elle rencontre un endroit plan, elle s'y arrête et forme une sorte de petit lac, dont l'aspect, de jour, rappelle absolument celui d'une mare de sang et dont la surface paraît presque lisse; mais, lorsque la pente est plus forte, sur un plan vertical par exemple, la matière, sans tomber comme le ferait de l'eau, s'arrondit et forme une courbe à long rayon, et, dans ce cas, on distingue parfaitement à la surface des rugosités qui s'alignent et forment des traînées parallèles à la direction du courant, tandis que des rides circulaires, perpendiculaires à cette direction, indiquent l'inégal mouvement de la matière, au bord et au centre du courant. L'aspect de la lave annonce alors très-bien qu'elle constituera, en se refroidissant, quelque chose d'analogue à ces masses tordues, tressées et contournées dont j'ai parlé plus haut.

La *vitesse* avec laquelle se meut le courant en un point donné est à la fois fonction de l'inclinaison du sol en ce point, du degré de liquidité ou de la température, enfin de la masse des matières entraînées. Or, comme ces divers éléments sont très-variables, il en résulte que la vitesse peut présenter des écarts très-grands suivant le moment et le lieu où elle est mesurée. M. Palmieri, qui a fait un grand nombre d'expériences sur la lave de 1855, a trouvé, pour termes extrêmes, *deux mètres* par seconde, et seulement *cinq* à *six centimètres* (1).

La masse des matières rejetées subit, dans le cours même de l'éruption, des accroissements et des décroissements assez rapides. C'est ce dont j'ai pu m'assurer par moi-même.

(1) Ces expériences ont été faites tout près des orifices et au point où la vitesse était maxima. Il est clair qu'on ne peut confondre la vitesse ainsi mesurée en un point choisi avec celle qui résulterait, pour l'*ensemble du courant*, du temps qu'il mettrait à parcourir un assez long espace sur les flancs de la montagne

Ainsi, lorsque je vis de près, pour la deuxième fois, le courant, le 24 mai au matin, il avait acquis notablement de puissance depuis le 22 : on voyait la lave grossir et se gonfler, puis refondre et entraîner avec elle les parties supérieures qui s'étaient solidifiées en voûte au-dessus d'elle, et qu'elle atteignait de nouveau. Le 26, il y avait eu nouvelle décroissance, et, depuis lors, cette période s'est accélérée de plus en plus.

La température d'un même courant est un élément qui varie beaucoup aussi. Humphry Davy (1), le 5 décembre 1819, remarqua que des fils d'argent et de cuivre fondaient instantanément au contact de la lave, tandis que, le 6 janvier suivant, l'argent exposé à l'action de la lave ne parut pas avoir subi de fusion.

Mais Davy opérait sur un courant moins volumineux que celui de 1855; et, si les expériences sont alors plus faciles à exécuter, il est douteux qu'elles puissent indiquer le maximum de température aussi sûrement que des essais tentés sur une masse beaucoup plus considérable.

D'un autre côté, sur un courant d'un aussi grand volume, il est absolument impossible de suivre de l'œil les objets mis en contact avec la lave. Des fils de cuivre et d'argent, d'un tiers de millimètre de diamètre, attachés à l'extrémité d'un long fil de fer (2), disparaissaient après un contact de peu d'instants avec la matière incandescente. Tout fait penser qu'ils s'étaient fondus, comme dans les expériences de Davy. Néanmoins, on ne pourrait le conclure absolument, car je me suis assuré qu'en mettant en contact avec la lave un fil de fer dont j'avais coudé l'extrémité, cette extrémité revenait toujours rectiligne. Il y avait donc eu ramollissement du fer; or ce ramollissement eût suffi évidemment pour détacher le cuivre et l'argent du fil qui les supportait.

---

(1) *Annales de Chimie et de Physique*, 1re série, t. XXXVIII, p. 138.

(2) Je n'avais malheureusement point de fil de cuivre assez long pour atteindre la lave en ignition.

Mais, dans une des nombreuses expériences que j'ai exécutées (et celle-là était faite en commun avec MM. Scacchi et Palmieri), j'ai trouvé *une seule fois* le fil de fer, d'environ un demi-millimètre de diamètre, étiré en pointe, et l'extrémité portait très-distinctement une petite masse sphéroïdale. Ce dernier fait, et même le seul ramollissement du fer, me paraissent établir pour ce courant, le 24 et le 26 mai, une température énorme.

L'inclinaison du sol sur lequel a lieu l'écoulement est un élément qui ne varie pas sensiblement, comme les deux précédents, pour le même point; mais il subit, comme on peut le penser, des variations considérables avec les diverses portions de la montagne qu'atteint successivement la lave. Voici quelques nombres que j'ai déduits de mes propres mesures, faites en partie au moyen du fil à plomb attaché à la boussole, en partie avec le sextant, en suivant la méthode indiquée par M. Élie de Beaumont (1). Ces pentes ont été prises toutes sur le grand courant qui s'est dirigé sur la Cercola :

Portion moyenne du grand cône, sur laquelle a coulé la petite lave, sortie au sommet de la fissure, au début de l'éruption................	35° à 30°,5
Portion inférieure du grand cône; c'est la partie de la fissure sur laquelle se sont échelonnés les petits cônes................................	26°
Raccordement du grand cône avec l'*Atrio del Cavallo;* c'est la partie de la fissure qui est restée ouverte, et au fond de laquelle on voyait couler la lave................................	7°,5
Atrio del Cavallo.................... depuis une pente presque nulle.	1°,5 jusqu'à
Du bord de l'*Atrio* au point appelé *Cognulo longo*................................	7°

(1) Annales des Mines, 3e série, tome X, page 529.

Première cascade de lave dans le *fosso della Vetrana*; pente moyenne	27°
Cette pente moyenne se décompose en	
Pente maxima	37°
Pente minima	21°
Au pied de la première cascade et le long de la colline du Salvatore	2°
Plus bas, et avant d'arriver au plan de l'Observatoire	8°
Plus bas encore, et par le travers de l'Observatoire.	3°
Deuxième cascade, dans le *fosso di Faraone:*	
Pente maxima	34°
Pente minima	22°
Enfin, du pied de cette dernière cascade au point où la lave s'est arrêtée, un peu au-dessus du pont de la *Cercola*	4°18′

Ce dernier nombre a été conclu de la manière suivante : J'ai pris, au moyen du baromètre, la différence entre les altitudes des deux points, et mesuré la distance horizontale sur la grande carte du Bureau topographique de Naples.

De cette simple énumération, on peut déduire aisément l'allure générale de la lave : on voit qu'elle a présenté une alternance remarquable de parties planes ou peu inclinées, et de portions où la pente était considérable et formait de véritables cascades de feu, qui, pendant l'obscurité de la nuit, offraient le spectacle le plus saisissant qu'on puisse imaginer.

De là a dû résulter aussi une grande variété dans la texture de la roche : puisque certaines portions du courant ont coulé avec une grande rapidité sur une forte pente, tandis que d'autres rencontraient de profondes cavités dans les ravins de la Vetrana et de Faraone, et s'y sont accumulées sur une épaisseur qui a atteint quelquefois 40 à 50 mètres. Néanmoins, quelle que soit la compacité qu'ait pu acquérir l'intérieur des masses, et dont on ne pourra juger qu'après leur refroidissement et par l'exploitation, leur surface, même en ces points où la pente a varié de 2 à 7 degrés, a toujours été extraordinairement tourmentée et se compose uniquement de gros blocs anguleux entassés les uns sur les autres; en un mot, leur forme générale, même en ces circonstances, a toujours été celle d'une *cheire*, jamais celle d'une *nappe*.

Il faut aussi parler de l'apparence d'ignition que présente la lave. *De jour*, on ne distingue le rouge qu'autant qu'on est placé de manière que le regard plonge au fond de la fissure où elle coule : chaque fois que je l'ai ainsi aperçue, la nuance du rouge m'a paru voisine de celle du fer que l'on fait passer sous les laminoirs, mais plutôt moins claire. Les bords intérieurs de la fissure sont d'une couleur sombre, et ne présentent aucune trace de rouge. Au contraire, *de nuit*, ou même lorsque le jour est très-faible, ils paraissent rouges : ce sont même les seules parties rouges de la lave qu'on aperçoive de loin, excepté lorsqu'elle offre des chutes ou des cascades, ou qu'elle se présente dans le haut d'une vallée de manière que l'œil puisse d'en bas pénétrer au fond de la fissure. Ces deux conditions se sont, d'ailleurs, trouvées réunies dans l'éruption actuelle.

Mais, dans la presque totalité des cas, il est clair que les surfaces qui, de nuit, présentent un si grand éclat, n'appartiennent pas à la lave en fusion, mais seulement à ses parois intérieures, soit qu'elles soient échauffées jusqu'au rouge par leur conductibilité propre (et c'est certainement le cas le plus habituel), soit qu'elles ne fassent que réfléchir le rouge éclatant de la lave placée à quelques mètres au-dessous.

Les portions du courant qui manifestent le plus longtemps l'incandescence sont celles qui ont coulé sur une plus grande pente. Ainsi, vers la fin, deux parties incandescentes, celle du grand cône et celle de la Vetrana, toutes deux fortement inclinées, étaient séparées par un intervalle sombre qui correspondait à l'Atrio del Cavallo. Cela s'explique parfaitement, l'accumulation de la lave se faisant sur les parties presque planes, avec une lenteur suffisante pour que la croûte, devenue fort épaisse, cache entièrement le courant qui se maintient liquide seulement au-dessous.

Quant aux flammes, je n'ai rien vu qui les rappelât en aucune façon, et la relation de M. Palmieri n'en fait pas mention. Les vapeurs blanches n'étaient évidemment colorées en rouge que par réflexion.

Je dois encore mentionner un fait qui m'a frappé. Le 26 mai, en plein jour, comme j'étais placé sur le courant et dans la direction de la fissure, en examinant l'un des petits cônes qui ont donné le dernier courant, et d'où s'échappaient, au milieu des efflorescences les plus variées de couleurs, d'abondantes fumerolles, je distinguai parfaitement que les fissures qui accidentaient son sommet présentaient dans leur intérieur une couleur rouge bien prononcée. Plus tard, en montant avec précaution à ce sommet, je me convainquis aisément que la température y était suffisante pour enflammer l'extrémité du bâton que je portais à la main, et le même phénomène se manifesta pour les deux autres cônes placés au-dessus. L'extrémité de ces cônes était placée certainement à plus de 15 ou 20 mètres au-dessus du niveau du courant alors incandescent.

Cette haute température est-elle due à ce que la matière pénètre ce cône vide presque à son sommet ? ou le nombre, la variété, la violence des réactions chimiques qui s'exécutaient en ce moment autour de ce sommet ne sont-ils pas de nature à y entretenir une grande chaleur ?

Arrivons aux fumerolles. Bien qu'elles fussent très-abondantes et que, de jour surtout, elles signalassent, pendant toute la durée de la période active, par un nuage épais et d'un blanc éclatant, le parcours entier de la lave, l'éruption actuelle paraît, sous ce rapport, notablement inférieure à celle qui l'a précédée, et qui, d'après M. Scacchi, a été des plus remarquables par le volume et la variété de ses émanations gazeuses. Cette disproportion entre les deux éruptions, quant à la masse des vapeurs émises, s'est traduite par un contraste frappant dans leurs caractères extérieurs. Autant celle de 1850 avait été bruyante et orageuse, autant celle-ci est calme. Tandis que notre éruption n'a amené aucun changement sensible dans la disposition du cratère supérieur, en 1850, en une nuit, et sans que personne en ait pu apprécier le mode de formation, deux profondes cavités se déterminent dans le plateau supérieur, et entre elles deux s'élève une crête qui devient le point culminant de la montagne. Au reste, n'expliquerait-on pas la diversité de ces allures par ce fait, que l'éruption de 1855 a été précédée et comme amortie par l'ouverture, quelques mois auparavant, de la grande cavité dont nous avons parlé, qui n'a cessé pendant tout l'hiver, et qui ne cesse encore de rejeter des masses immenses de vapeurs et de gaz?

Quoi qu'il en soit, l'éruption actuelle, bien qu'elle soit incontestablement une des plus importantes qu'ait fournies le Vésuve, est aussi une des plus tranquilles. Peu ou point de projections, seulement quelques-unes dans les premiers jours; les détonations ont cessé bientôt aussi. Le phénomène s'est réduit alors à un déversement de la lave comme par un trop-plein, déversement qui était seulement accompagné de la sortie de vapeurs abondantes, mais à une faible pression. Aussi est-ce pour le géologue une véritable bonne fortune qu'une éruption qui a permis d'étudier de près le phénomène dans des proportions aussi considérables.

§ III. — Des fumerolles de la fissure.

Le foyer propre de l'éruption se compose de deux parties : la portion supérieure de la fissure, sur laquelle se trouvent échelonnés les petits cônes qui ont donné successivement issue aux trois coulées; la portion inférieure, ouverte, au fond de laquelle on voyait couler la lave, et qui ne s'est comblée qu'aux derniers instants de l'éruption, par la solidification des derniers contingents de matière lavique.

J'ai déjà parlé de l'aspect que présentait la lave en coulant dans la fissure, et des vapeurs d'un blanc éclatant que l'on voyait sortir, sans pression, soit des parties de la fissure où la coulée se montrait à découvert, soit des interstices de la lave récemment solidifiée.

La température de ces vapeurs était extrêmement élevée; elle atteignait en peu d'instants les 350 degrés que pouvait indiquer mon thermomètre, et ne différait évidemment que peu de la température de la lave incandescente, placée à une faible distance au-dessous.

Ces fumerolles m'ont paru absolument dépourvues de vapeur d'eau. Voici comment je m'en suis assuré : j'ai assujetti au-dessus de l'orifice de l'une d'elles un large entonnoir en verre dont la pointe était engagée dans une allonge également en verre et recourbée, de près de 1 mètre de long, laquelle communiquait, au moyen d'un tube en caoutchouc, avec un tube en plomb dont l'extrémité plongeait dans un flacon : ce récipient, éloigné ainsi d'environ 2 mètres de l'orifice, était placé sur une portion de la lave dont la température ne dépassait pas 28 ou 30 degrés, et, de plus, pendant toute la durée de mon observation, je l'ai constamment humecté. Cet appareil est resté quarante-huit heures en fonction; les parties les plus voisines de la fumerolle se sont recouvertes d'efflorescences blanches, mais il n'y avait dans aucune portion de l'appareil une seule goutte d'eau condensée.

L'absence de la vapeur d'eau, constatée dans cette expérience, se manifeste aussi par la sensation particulière de sécheresse que les organes éprouvent sous l'influence de ces fumerolles : jamais les vêtements ne s'y recouvrent d'humidité, comme il arrive dans les fumerolles d'un autre ordre.

Ces *fumerolles sèches* n'ont ordinairement qu'une très-faible odeur, souvent même elles n'en présentent pas de sensible. Elles sont un peu acides, car elles rougissent le papier de tournesol, soit qu'on l'y expose directement, soit qu'on le plonge dans l'eau distillée laissée longtemps à leur contact. Elles ne noircissent pas l'acétate de plomb.

Voici le résultat de quelques essais que j'ai faits en commun avec M. le professeur Scacchi :

L'*eau distillée* soumise aux vapeurs d'une de ces fumerolles sèches a précipité abondamment par le nitrate d'argent.

Un flacon contenant une dissolution de *chlorure de barium* a été soumis aux vapeurs; le résidu repris par l'eau distillée s'est redissous entièrement, il n'y avait qu'un très-léger nuage, et, par conséquent, ces fumerolles ne contiennent que des traces d'acide sulfurique ou de sulfates.

L'*eau de chaux*, placée dans les mêmes circonstances, a donné un dépôt blanc cristallin, insoluble dans l'eau, soluble dans l'acide acétique sans effervescence. On peut donc affirmer que la chaux n'y a pas condensé d'acide carbonique. On n'en pourrait conclure à la vérité l'absence *absolue* de ce dernier gaz, à cause du petit excès d'acide chlorhydrique; mais cette exclusion de l'acide carbonique, du moins en quantité notable, qui avait déjà été constatée par Davy sur la lave de 1820, est confirmée, comme on le verra, par l'examen des gaz recueillis aux orifices de ces fumerolles.

Nous avons examiné avec le plus grand soin, après l'avoir lavée, la surface des instruments en verre employés à ces expériences : nous n'avons pu constater qu'une seule fois, sur l'un deux, une altération produite par l'acide fluorhydrique. Mais avant d'admettre, d'après cet indice, la présence de cet acide dans les fumerolles sèches de 1855, il sera nécessaire de s'assurer qu'une altération semblable ne pourrait pas être produite sur ce verre par l'acide sulfurique à une haute température.

La substance recueillie dans l'entonnoir exposé aux fumerolles sèches était une poudre cristalline, d'un blanc très-légèrement jaunâtre, quelquefois d'un blanc parfait, ayant fortement le goût du sel marin.

Chauffée dans un tube, elle ne donne aucun dégagement sensible, se colore d'abord, puis perd entièrement sa couleur et fond facilement. Elle se dissout entièrement dans l'eau et ne donne pas d'effervescence dans les acides.

La dissolution traitée par l'azotate d'argent se prend en masse ; le chlorure de platine donne un précipité notable de chlorure platinicopotassique.

Enfin, les sels de baryte donnent un précipité faible, mais sensible.

On voit que ces premiers essais indiquent, dans les fumerolles sèches, les chlorures de sodium et de potassium en proportions tout à fait prédominantes, puis de très-faibles traces de sulfates (1), l'absence au moins habituelle des fluorures, enfin celle de l'acide carbonique et de l'acide sulfhydrique.

Les autres matières condensables, en si petite quantité qu'elles existent, pourront être reconnues dans ces fumerolles au moyen des croûtes abondantes qu'elles déposent à leurs orifices et dont je n'ai point à m'occuper, M. Scacchi en ayant déjà commencé l'examen avant mon départ de Naples.

J'ai seulement examiné, depuis mon retour à Paris, quelques fragments des efflorescences déposées par les mêmes fumerolles sèches sur la lave auprès des orifices qui leur donnaient issue. Ce sont des croûtes solides, d'un blanc parfait ou légèrement jaunâtre, ayant fortement la saveur du sel marin, n'offrant aucune réaction acide et n'attirant

---

(1) Qui n'existaient peut-être pas au début de l'éruption.

pas sensiblement l'humidité de l'air ; elles sont entièrement solubles dans l'eau. L'analyse y a signalé les éléments suivants :

Chlorure de sodium...........	0,943
Chlor. de manganèse (avec traces de fer)...................	0,006 (1)
Sulfate de soude..............	0,002
Sulfate de potasse.............	0,010
Sulfate de magnésie...........	0,004
Sulfate de chaux..............	0,027
Eau hygrométrique..........	0,008
	1,000

Ces efflorescences ne contiennent pas de chlorhydrate d'ammoniaque et ne présentent aucune trace de fluorures, et, chose remarquable, elles sont aussi, comme on voit, absolument dépourvues de silice.

Cette analyse confirme donc tout à fait les essais faits à Naples sur les matières qui s'étaient déposées à la surface de nos entonnoirs.

Quant aux substances gazeuses qui pourraient s'échapper dans l'atmosphère et ne sont pas susceptibles d'être condensées, les gaz des fumerolles sèches n'étant point combustibles ne contiennent, au moins en quantité notable, ni hydrogène, ni hydrogène carboné. Il devenait donc très-probable que ces exhalaisons consistaient simplement en un dégagement d'air atmosphérique mélangé d'une petite quantité de substances solides, presque uniquement composées de chlorures alcalins, et susceptibles d'être entraînées mécaniquement ou par volatilisation. C'est ce qu'est venu confirmer l'examen des gaz recueillis aux orifices des fumerolles.

(1) Je dois dire que déjà, à Naples, M. Scacchi m'avait annoncé, d'après ses recherches personnelles, la présence du manganèse dans ces efflorescences.

On conçoit aisément les difficultés de plus d'un genre que peut offrir la captation d'un gaz, à une température d'au moins 400 à 500 degrés, s'échappant des fissures d'une lave qui possède encore, à 2 ou 3 centimètres au-dessous de la surface, assez de chaleur pour déterminer immédiatement l'inflammation d'un bâton mis en contact avec elle, et dont la surface elle-même se compose de gros blocs anguleux à peine refroidis. Voici comment j'ai opéré. J'avais préparé à mon départ, de concert avec M. Lewy, un certain nombre de tubes dont l'extrémité effilée devait être fermée à la lampe, après avoir été longtemps exposée aux fumerolles. Pour rendre l'opération plus facile et plus complète, j'avais depuis fait venir de Paris une pompe au moyen de laquelle les gaz, après un long parcours dans un tube de caoutchouc adapté à l'entonnoir qui les recueillait, arrivaient dans les récipients à une basse température, et, par conséquent, à une pression sensiblement égale à celle de l'atmosphère. Cette circonstance était essentielle, parce que, comme il était impossible, sur la lave même, d'effiler le tube à la lampe, j'étais obligé de tenir, pendant trois quarts d'heure environ, l'une de ses extrémités fermée seulement au moyen d'un bouchon de cire (1).

Le gaz contenu dans ces tubes, examiné, à mon retour, par M. Lewy et moi, nous a présenté très-sensiblement la composition de l'air atmosphérique ; il ne contenait que quelques millièmes d'acide carbonique. Ce résultat, bien que les difficultés qui ont entouré la captation du gaz ne nous permettent de le présenter qu'avec réserve, vient néanmoins tout à fait à l'appui des conclusions que je viens

---

(1) Je me suis assuré que des gaz, maintenus de cette manière, pouvaient conserver encore, dix jours après avoir été recueillis, une pression supérieure à celle de l'atmosphère. Des tubes ainsi fermés, après avoir été remplis à l'une des grottes qui, sur le bord du lac d'Agnano, dégagent de l'acide carbonique, contenaient, *après un mois*, un gaz qui, analysé par M. Léwy et moi, a donné 80 pour 100 d'acide carbonique.

de tirer des expériences de condensation faites près des orifices, et que pouvaient déjà faire prévoir les recherches de Davy sur la lave de 1820.

Ces fumerolles *chlorurées* sèches sont en relation avec l'écoulement de la lave; cependant elles ne s'en échappent pas d'une manière très-visible. On ne distingue, par exemple, rien d'analogue à une ébullition qui donnerait issue aux gaz. Je n'ai aperçu qu'un très-petit nombre de fois quelques bouffées légères de fumées blanches sortant immédiatement de la lave en mouvement (1); et j'ai, au contraire, remarqué que dans les fissures au fond desquelles coule la matière lavique, et d'où s'échappe aussi la plus grande partie des fumées, celles-ci se concentrent sur les bords, et semblent sortir sans pression de dessous la croûte solide qui constitue ces bords. Je suis, en un mot, très-porté à penser que la lave fondue maintient encore dans ses pores les gaz et les matières volatiles, et qu'elle ne les abandonne que lorsqu'elle a déjà atteint une certaine période de son refroidissement.

D'un autre côté, les fumerolles sèches ne s'observent, avec les caractères que je viens de décrire, que là où existent des laves récemment sorties et encore à l'état d'incandescence. On pourra donc les retrouver encore, comme je l'ai fait, un mois après la fermeture des bouches, sur quelques rares points de la coulée où l'accumulation des matières aura été considérable; mais déjà, le 24 mai et durant la période active, à mesure qu'en montant le long de la fissure je m'éloignais de la bouche inférieure, qui seule donnait encore issue à la lave, je voyais les caractères des émanations changer insensiblement. Le résultat de la condensation par les réactifs donnait des quantités plus appréciables d'acide sul-

(1) C'était dans les points où la pente était rapide, ainsi que le refroidissement.

furique ; et plus haut, lorsque je suis arrivé aux portions supérieures de la fissure, par exemple aux petits cônes qui avaient donné naissance aux premières laves, je percevais très-bien l'odeur suffocante de l'acide sulfureux.

Cela était surtout frappant pour le petit cône très-aigu, dont il est question dans la relation de M. Palmieri, et qui, au début de l'éruption, donnait un sifflement si bruyant. Lorsque j'ai visité ce cône le 22, j'ai trouvé qu'il laissait échapper un gaz avec une pression considérable, qui rejetait en dehors les petits fragments de roches de 3 à 4 centimètres de diamètre qu'on y jetait. C'est le seul point où j'aie vu le gaz sortir avec une pression notablement supérieure à la pression extérieure. On entendait un bruit tout à fait analogue à celui d'une énorme marmite en ébullition. Le thermomètre plongé dans ce gaz (avec quelque difficulté, il était toujours rejeté en dehors) est tout de suite monté à 250 degrés, et j'ai dû le retirer de crainte de briser l'instrument.

Les autres cônes placés plus bas, qui, par conséquent, n'avaient donné issue que plus tardivement à la lave, et, en particulier, ceux du pied desquels s'était échappé le dernier courant qui coulait encore, et dont les fissures montraient la roche incandescente, ne présentaient dans leurs fumerolles aucune odeur d'acide sulfureux.

On ne distinguait autour d'eux, parmi les nombreux produits formés par émanation directe ou par réactions postérieures, que des chlorures ou des oxydes résultant de leur transformation. C'étaient, outre les chlorures alcalins, les chlorures de fer et de cuivre, et le fer oligiste. Ce dernier offrait deux variétés : l'une, d'un gris noir, qui est la couleur habituelle de l'oxyde naturel ; l'autre, d'un brun léger ou rosé, d'une ténuité extrême, et tout à fait semblable aux poudres micacées que l'on obtient souvent dans les laboratoires dans une foule de réactions par la voie sèche (1). La réunion de ces divers produits, chargés des tons les plus vifs, réalisait sur les parois de ces cônes et dans leur voisinage le plus riche assortiment de couleurs qu'on puisse imaginer.

Nous avons aussi placé, MM. Scacchi, Palmieri et moi, quelques réactifs près de deux de ces orifices dont le gaz exhalait l'odeur d'acide sulfureux. Voici les résultats des essais :

L'*eau distillée* exposée aux vapeurs est restée claire; elle ne présente pas d'odeur sensible, elle rougit le papier de tournesol; par le nitrate d'argent, elle donne un précipité énorme; par le chlorure de barium, un trouble sensible, qui ne disparaît pas lorsqu'on ajoute un acide.

La dissolution de *chlorure de barium*, desséchée par les vapeurs et reprise par l'eau distillée, a laissé dans le flacon un précipité léger de sulfate de baryte.

On voit donc que, *dans cette période encore active de l'éruption* (24 mai), les fumerolles qui, sur la fissure, présentaient déjà l'odeur de l'acide sulfureux, étaient encore presque exclusivement des gaz chlorurés et très-probablement anhydres.

Cette période active a pris fin du jour où la lave a cessé de s'écouler par ses orifices. Or, le 28 mai, elle ne présentait plus, *à sa surface*, aucun point d'incandescence, même de nuit : le 29, au matin, le dégagement des fumerolles n'était plus visible autour des petits cônes de la fissure, et celles de la lave avaient décru considérablement. Le courant s'était arrêté et comme figé dans son dernier canal où je l'avais observé du 21 au 26.

Quel était maintenant l'état des fumerolles de la fissure lorsque, de retour de l'Etna, à l'étude duquel j'ai consacré la première quinzaine du mois de juin, je les ai revues de

(1) D'après M. Scacchi, ces fers oligistes spéculaires constitueraient une variété cristallographique particulière.

nouveau, quelques semaines après que l'éruption fut entrée dans sa période décroissante?

Leur aspect avait considérablement changé. Les cônes inférieurs n'offraient plus les teintes variées dont je viens de parler ; quatre jours de pluies abondantes avaient gravement endommagé cette riche parure, et la lave ne fournissait plus aucun moyen de la réparer.

En effet, je pouvais alors gravir facilement ces petits cônes, et me soumettre sans inconvénient à l'action des gaz qui en sortaient. Ces gaz, beaucoup moins abondants, étaient absolument inodores et incolores, de telle manière, qu'à quelque distance on pouvait douter de leur existence; la seule chose qui la trahît de loin, c'était le tremblotement apparent, dû à un phénomène de mirage, qui est imposé aux divers objets par l'émission d'un gaz plus chaud que l'atmosphère dans laquelle il s'échappe. Ce gaz paraissait aussi parfaitement sec. Une bouteille contenant de l'eau à la température ordinaire, exposée à ces fumerolles, n'a rien condensé à sa surface, et je suis convaincu qu'elles consistaient uniquement en un courant d'air très-échauffé.

Les cônes du centre supérieur, et en particulier celui qui avait dégagé du gaz sulfureux sous une forte pression, présentaient quelque chose d'exactement semblable à ce que je viens de décrire. Un thermomètre, inséré aussi profondément que possible au milieu des fragments détachés qui composaient ce petit cône, a indiqué 305 degrés. Mais la température eût été probablement plus considérable à une plus grande profondeur, et elle témoignait sans doute de l'existence de points encore incandescents à une assez faible distance au-dessous de la surface.

Un seul point de la fissure donnait encore des vapeurs blanches et visibles de loin, c'était un des cônes du centre moyen. En s'en approchant, on pouvait aisément constater que ces vapeurs contenaient une quantité notable d'acide sulfureux.

En définitive, on voit que, après un mois, je constatais sur la partie essentiellement active de l'éruption, c'est-à-dire sur l'étendue de la fissure qui a donné issue à la lave, les circonstances suivantes : l'acide chlorhydrique ou les chlorures volatils qui caractérisaient la première période de l'éruption avaient disparu à peu près complétement; il en était de même de l'acide sulfureux, qui, dans la période secondaire, tendait à se substituer à l'acide chlorhydrique. Un seul point de la fissure présentait encore les phénomènes de la deuxième période, c'était l'un des cônes du 18 mai, c'est-à-dire du courant qui a tenu le milieu, par la position de ses orifices comme par l'époque de son apparition. Il ne se dégageait ni hydrogène sulfuré, ni vapeur de soufre, ni vapeur d'eau. Le gaz qui sortait des petits cônes, doué d'une température au moins égale à 305 degrés, n'était vraisemblablement que de l'air échauffé au contact très-voisin de points encore incandescents, comme d'ailleurs cela se manifestait, plus ou moins, sur toute l'étendue de la lave.

Cet état est-il le dernier, et les diverses portions de la fissure n'ont-elles plus qu'à perdre insensiblement leur haute température pour ressembler entièrement aux laves anciennes qui l'entourent, ou doivent-elles subir encore d'autres transformations? Cette question serait, sans doute, intéressante à résoudre par des observations postérieures, et il est certainement permis de la poser. En voici une preuve.

J'ai eu, dans ma récente visite à l'Etna, l'occasion d'observer les deux grands cônes qui se sont formés, dans la partie supérieure du val del Bove, lors de l'éruption du mois d'août 1852. De ces deux cônes, l'un, le plus élevé, n'a donné issue à aucune lave; l'autre, qui n'en est séparé que par un petit col, et qui est placé avec lui sensiblement dans un même plan diamétral de l'Etna, a laissé, au contraire, échapper de sa base le courant de 1852 qui est un des plus volumineux qu'ait fournis ce volcan. Voici quel était l'état de leurs fumerolles en juin 1855, trente-trois mois après l'éruption. Le premier de ces cônes laissait dégager de tout son pourtour et d'une fente placée dans la direction du second cône une masse considérable de vapeurs rendues suffocantes par l'acide sulfureux et présentant une température d'environ 80 degrés. Le second cône, celui d'où est sortie la lave, ne rejetait de ses fissures que de la vapeur d'eau à une température semblable, présentant une très-légère odeur, difficile à caractériser, mais tenant certainement de celle du soufre. Le bord de ces fissures était, d'ailleurs, tapissé de sulfate de fer et d'alun qui témoignaient incontestablement de la préexistence de l'acide sulfureux. Quant au courant de lave lui-même, il était, sur toute son étendue, mais surtout dans sa partie inférieure, où la matière s'est accumulée sur une épaisseur énorme, traversé par de nombreuses exhalaisons dont la température variait de 52 à 60 degrés, et *se composait uniquement de vapeur d'eau.*

Il y a, ce me semble, quelque intérêt à se demander si la marche suivie dans son refroidissement par la nouvelle lave du Vésuve sera, en quelque manière, analogue à celle que je viens d'observer sur la lave sortie de l'Etna en 1852.

Quoi qu'il en soit, quittons la fissure proprement dite, et remontons au cratère principal du volcan.

§ IV. — Des fumerolles du cratère supérieur.

Dans sa disposition actuelle, le cratère supérieur du Vésuve présente quatre régions assez distinctes :

1°. La *Punta del Palo,* incessamment minée par les fumerolles, et diminuée successivement par des éboulements qui l'attaquent, aussi bien sur son bord extérieur que du côté du goufre formé en décembre 1854 : un de ces éboulements avait eu lieu depuis ma dernière visite, le 26 mai, et a mis à nu une succession d'assises scoriacées rouges et noires;

2°. Au pied sud-ouest du Palo, *le goufre de* 1854, bordé à l'ouest et au nord-ouest par le bourrelet des petites laves de 1842 à 1848;

3°. Tout le pourtour de la cime, de l'est à l'ouest, en passant par le sud, occupé par les *deux grands cratères de* 1850;

4°. Enfin, au centre, et touchant à ces diverses parties, ce qui reste de l'*ancienne plaine*, qui forme maintenant un plan légèrement incliné vers la cavité de 1854.

Avant de passer successivement en revue l'état comparatif des fumerolles dans ces quatre portions du cratère, pendant et après la période active, constatons d'abord, dans toutes ces fumerolles du sommet, un caractère qui les met tout de suite en opposition avec celles que nous venons de décrire sur la fissure latérale du cône : c'est qu'elles sont éminemment *aqueuses*. On en observe qui donnent à la fois l'odeur de l'acide chlorhydrique et de l'acide sulfureux, d'autres qui présentent, faiblement à la vérité, celle de l'acide sulfhydrique ou du soufre en vapeur; mais, dans toutes, l'élément prédominant est la vapeur d'eau. Lorsqu'on se place, par exemple, au milieu des innombrables fumerolles à odeur sulfureuse qui s'échappent de la grande cavité de décembre 1854, les vêtements, les cheveux, la barbe, se recouvrent bientôt de gouttelettes d'eau presque pure.

Le soufre, qui existait à peine dans les fumerolles de la fissure, et que nous allons, au contraire, retrouver dans toutes celles du sommet, se présente, dans les émanations volcaniques, sous quatre formes différentes, savoir : à l'état d'acide sulfurique, bientôt transformé en sulfate, d'acide sulfureux, d'acide sulfhydrique, de soufre en vapeur. Et, pour distinguer ces divers états, l'odorat est ici un juge précieux et qui ne trompe jamais, pour peu qu'on l'ait exercé à ce genre de discernement. La vapeur de l'acide sulfureux est tellement délétère et suffocante, qu'elle devient, lorsqu'elle atteint certaines limites, véritablement intolérable (1). Lorsque le soufre se dégage sous cette forme, il est accompagné ordinairement de vapeur d'eau, mais jamais d'hydrogène sulfuré, et il ne se dépose pas non plus habituellement de soufre à ces orifices, mais il s'y forme des sulfates de chaux, de fer et de l'alun.

La vapeur d'acide sulfhydrique se présente assez rarement dans les fumerolles des volcans actifs; mais elle se trahit alors par son odeur caractéristique, au milieu d'émanations composées presque uniquement de vapeur d'eau, entraînant avec elle de petites quantités de soufre en vapeur. Quant à cette dernière substance, elle est d'autant plus facile à distinguer de l'acide sulfureux, quelle fait éprouver à l'odorat une sensation plutôt agréable et légèrement aromatique.

Il n'y avait ici aucune indécision : les fumerolles du gouffre de 1854 dégageaient de l'acide sulfureux pendant la période active de l'éruption ; le 23 juin, quand j'y remontai, elles ne présentaient plus que de la vapeur d'eau, mélangée à de petites quantités de soufre en vapeur.

Les dégagements qui avaient lieu en une foule de points du Palo se composaient uniquement de vapeur d'eau ; mais leur température atteignait 82 degrés, tandis que durant la période active de l'éruption, je ne leur avais trouvé qu'une température de 56 à 70 degrés.

La petite plaine inclinée offrait quelque chose d'analogue : des nombreuses fissures qui la traversaient, et qui, formées lors de la dernière éruption, étaient encore tapissées de sel marin, il ne se dégageait plus que des bouffées de

---

(1) Après mon excursion du 22 mai au sommet du cratère, j'ai eu plusieurs jours la voix altérée et presque éteinte. En 1820, l'action de ces vapeurs fut telle sur Humphry Davy, qu'il fut obligé de rester un mois sans remonter au cratère.

vapeur d'eau à une température de 79 degrés, présentant une très-faible odeur de *soufre*.

Cette première moitié septentrionale du grand cratère, qui avoisine immédiatement la fissure de 1855, présentait donc, en définitive, un mois environ après que la lave eut cessé de couler, plutôt une diminution dans l'intensité de ses phénomènes d'émanation. Dans tous les cas, elle contrastait fortement, par la modération et la tranquillité relative de ces manifestations, avec ce qui s'observait dans la moitié méridionale, comprenant les deux cratères de 1850.

En effet, tout le pourtour de ces deux bouches profondes, comme aussi la crête aiguë qui les sépare, était garni d'innombrables fumerolles qui m'ont présenté une température uniforme de 90 degrés (je l'avais trouvée seulement de 84 degrés un mois auparavant et pendant la période active de la fissure); elles exhalaient, d'une manière presque intolérable, l'odeur pénétrante de l'acide sulfureux jointe à celle de l'acide chlorhydrique. On n'y distinguait jamais celle de l'acide sulfhydrique ni celle du soufre. Cette dernière substance ne se déposait point non plus aux orifices, dont les abords étaient garnis, comme je vais le dire, d'un mélange acide de sulfates et de chlorures.

Pour me rendre compte aussi bien que possible de la composition de ces fumerolles, j'ai établi, sur le bord oriental du grand cratère de 1850, un appareil distillatoire qui m'a donné, en quelques heures, une quantité notable d'une liqueur incolore, très-acide. Cette liqueur exhalait fortement, comme la fumerolle elle-même, l'odeur de l'acide sulfureux; mais lorsqu'un mois après, rendu à Paris, je l'ai examinée dans le laboratoire, cette odeur avait à peu près entièrement disparu, et l'acide sulfureux s'était probablement transformé en acide sulfurique.

Il n'y avait point d'odeur de chlore. Les vases qui avaient servi à condenser la vapeur ou à contenir la liqueur ne présentaient aucune trace d'altération par l'acide fluorhydrique.

100 grammes de cette liqueur contiennent :

Acide sulfurique	0,001
Acide chlorhydrique	0,092
L'ammoniaque y détermine un précipité pesant...... composé de *peroxyde de fer* avec une trace de *manganèse* : l'évaporation à siccité de la liqueur donne	0,003
un résidu pesant	0,008
Et consistant uniquement en *chlorure de sodium*, dans lequel le sel de platine ne détermine qu'un trouble insensible. L'eau condensée figurait donc pour.....	99,896
	100,000

De cette analyse il résulte que, dans ces fumerolles, la vapeur d'eau n'entraînait avec elle qu'un millième environ de son poids de substances étrangères, et que l'acide sulfureux, bien que son odeur suffocante y dominât beaucoup, était incomparablement moins abondant que l'acide chlorhydrique. Il faut néanmoins observer que l'acide sulfureux, ne se condensant point dans ces circonstances et étant, d'ailleurs, peu soluble dans l'eau à une température un peu élevée, doit s'échapper en grande partie (1).

Quant à la répartition des acides et des bases, il est probable que le sodium et le fer sont entraînés à l'état de protochlorures, et que ce dernier métal, en se suroxydant, a transformé, dans le flacon, l'acide sulfureux en acide sulfurique, d'où est résultée, en définitive, une petite quantité de sulfate de peroxyde de fer. Bien entendu que, dans la nature, le passage de l'acide sulfureux à l'acide sulfurique doit se faire aussi par l'action immédiate de l'air.

J'ai recueilli les substances qui formaient les parois de l'orifice d'où sortaient les vapeurs précédentes. Ce sont évidemment des fragments de roches où se sont condensées ces

(1) Pour le recueillir entièrement, il faudrait, sans doute, adapter à la sortie des vapeurs un vase avec une dissolution alcaline.

vapeurs et qu'elles ont profondément altérés. Leur couleur est d'un jaune verdâtre ou rougeâtre; on y distingue de nombreux cristaux de gypse. Elles sont fortement acides, ont une saveur atramentaire très-prononcée, et attirent l'humidité de l'air. J'en ai fait bouillir un échantillon dans l'eau, en renouvelant celle-ci jusqu'à ce que la liqueur ne donnât plus sensiblement de précipité par le nitrate d'argent; le nitrate de baryte donnait encore un précipité notable, à cause d'une certaine quantité de sulfate de chaux qui eût exigé une quantité considérable du dissolvant pour être complétement enlevée, et que séparait bien l'emploi d'une liqueur acide. Le résidu, presque pulvérulent, est d'un blanc jaunâtre; il ne contient pas de soufre, et n'est que le résultat, probablement très-siliceux, de l'altération de la roche.

La dissolution, d'abord claire, s'est troublée et a laissé, par le repos, déposer une petite quantité de silice. Un même poids de la liqueur a donné les quantités relatives suivantes des deux acides sulfurique et chlorhydrique :

Acide sulfurique.......	49,26	1
Acide chlorhydrique	72,55	1,5

L'analyse qualitative y indique, en outre, les bases suivantes : soude, potasse, alumine, fer avec une petite quantité de manganèse, chaux et un peu de magnésie.

En comparant ces résultats à ceux que j'ai obtenus dans l'analyse précédente, on est frappé des différences qu'elles présentent dans les proportions relatives des deux acides, puisque la substance solide n'est en réalité qu'un résultat de la condensation des deux gaz de la fumerolle. Plusieurs causes peuvent servir à expliquer cette singulière anomalie. D'abord, comme je l'ai fait remarquer, dans la simple condensation par refroidissement, une certaine portion de l'acide sulfureux a pu échapper, qui ne résiste pas à l'action particulière de la roche poreuse pour le transformer en acide sulfurique. De plus, il est probable que ce dernier acide, une fois formé, chasse peu à peu l'acide chlorhydrique de ses combinaisons, qui, étant d'ailleurs toutes solubles, sont entraînées par les eaux météoriques. On a une confirmation de cette manière de voir en examinant les produits de quelques-unes des fumerolles de la même crête, qui ont cessé de se dégager ; ces produits consistent uniquement en concrétions soyeuses de sulfate de chaux, sans aucune trace de chlorure. On les observe au fond du grand cratère de 1850 et sur la crête étroite qui sépare les deux cratères.

Enfin, et pour terminer ce que j'ai à dire de l'état du plateau supérieur vers la fin de juin, je dois mentionner un fait intéressant qu'on n'observait point durant la période active, et qui, à coup sûr, indique un changement dans la répartition des forces volcaniques dans l'intérieur du volcan. Arrivé aux deux tiers de la hauteur du cône, à peu près au niveau des bouches les plus élevées de la dernière éruption, j'entendis, toutes les huit ou dix minutes, quelquefois même à des intervalles plus rapprochés, des mugissements sourds, qui étaient souvent accompagnés de commotions dans le sol. Ces phénomènes m'ont paru d'autant plus sensibles que je me suis plus rapproché des deux gouffres de 1850, et lorsque je me suis trouvé sur la crête qui les sépare, le bruit était très-distinct et le mouvement du sol assez violent.

En résumé, si l'on cherche à apprécier le mouvement qui s'est effectué dans les forces volcaniques des orifices de la lave au sommet du cratère, et si l'on remarque que l'on a deux moyens de mesurer, d'une manière générale, l'intensité de ces forces en un point donné, savoir : la température des fumerolles et la nature de leurs éléments qui, rangés dans l'ordre suivant, paraissent (au moins pour le Vésuve et dans l'éruption actuelle) correspondre à des tensions volcaniques de moins en moins grandes :

Acide chlorhydrique et chlorures, traces d'acide sulfurique et de sulfates, fumerolles anhydres (premier ordre) ;

Acide sulfureux, accompagné de vapeur d'eau (deuxième ordre) ;

Vapeur d'eau avec de très-petites quantités d'acide sulfhydrique ou de vapeur de soufre (troisième ordre) :

Enfin, vapeur d'eau pure (quatrième ordre);

On voit que, depuis le commencement de la période décroissante de l'éruption, le maximum d'intensité volcanique a tendu constamment à se transporter des orifices de la lave (qui sont passés successivement du premier ordre au second, mais qui semblent devoir rester étrangers aux deux derniers) vers le sommet de la montagne.

Sur le cône lui-même, la portion septentrionale, la plus voisine des dernières bouches et celle qui leur est le plus directement liée par le gouffre de décembre 1854, a déjà atteint le troisième et le quatrième ordre; de sorte que le maximum de l'action volcanique est concentré dans la moitié méridionale qui, seule, présente en ce moment, à un haut degré d'intensité, les phénomènes du second ordre, et où paraît se trouver aussi le foyer de ces mugissements intérieurs dont j'ai parlé et des tremblements du sol qui les accompagnent (1).

Si l'on ajoute à ces diverses circonstances l'action des fumerolles qui minent constamment les crêtes des deux cavités de 1850, il y a quelque probabilité que l'effet d'une des prochaines convulsions du Vésuve sera de provoquer l'éboulement partiel de cette portion méridionale de son sommet,

(1) Ajoutons encore un fait très-curieux, qui me semble lié à ce changement dans l'équilibre des forces volcaniques qui a suivi immédiatement le moment où a cessé l'épanchement de la lave. Ayant visité, le 18 juin, la solfatare de Pouzzoles, je remarquai que le gaz de la grande bouche (*bocca grande*) s'échappait avec un très-fort sifflement et une abondance remarquable. Le guide qui m'accompagnait, Francesco di Fraya, m'a assuré n'avoir jamais observé auparavant une telle violence dans le phénomène, et le gardien des petites exploitations d'alun nous dit que cet état de la solfatare, et, en particulier, le bruit intense produit par les fumerolles ne dataient que d'un mois environ.

de détruire peut-être le rebord qui, depuis 1850, forme le point culminant du cratère, et, comme la Punta del Palo se désagrége aussi pièce à pièce sous nos yeux, il y a des raisons de penser qu'avant peu le point le plus élevé du Vésuve se trouvera sur le côté nord-ouest de son cratère, tout composé des matériaux solides qu'y ont accumulés les petites éruptions de 1842 à 1848.

§ V. — Des fumerolles de la lave.

Les fumerolles qui se sont échelonnées sur le cours même de la lave, depuis l'extrémité inférieure de la fissure qui l'a produite jusqu'au point où elle s'est arrêtée vers la plaine, sont les plus variées : car elles se présentent avec les divers caractères que nous venons de signaler dans les deux portions supérieures de l'appareil volcanique, et offrent, en outre, deux variétés qui paraissent avoir toujours été étrangères à ces portions supérieures du Vésuve : ce sont les dégagements de chlorhydrate d'ammoniaque, et les *mofettes* ou dégagements d'acide carbonique.

Et d'abord, remarquons que les points sur lesquels se manifestent les fumerolles ne se répartissent pas d'une manière quelconque sur l'étendue d'un même courant de lave.

J'ai déjà fait remarquer, en parlant des émanations qui accompagnent le cours de la lave dans la fissure, que ces émanations se concentraient à peu près uniquement sur les bords de la crevasse. C'est aussi, en grande partie, ce qui a lieu après que la surface de la lave s'est consolidée dans l'intérieur de sa gaîne. Le plus grand nombre des fumerolles s'alignent le long des deux murs irréguliers qui constituent latéralement la limite d'un courant. Aussi, lorsque ce courant est simple, on est frappé de cette circonstance, que la plupart des fumerolles forment de chaque côté une sorte de ruban parallèle à sa direction. Mais, si l'on se reporte à ce que j'ai dit précédemment, on concevra aisément qu'une coulée importante comme celle qui nous occupe se compose de plusieurs jets de lave successifs, qui se sont étendus soit parallèlement les uns aux autres, soit de manière que la lave postérieure est venue remplir la gaîne, restée vide en partie d'une précédente émission. D'où résulte sur la surface de la lave un assez grand nombre de fumerolles qui, au premier abord, y semblent placées sans symétrie, mais qui, par le fait, marquent le plus souvent les limites longitudinales des diverses émissions successives, à peu près comme les moraines latérales pour deux glaciers qui se sont réunis.

En outre de ces lieux géométriques, en quelque sorte normaux, des fumerolles, il y en a d'autres qui ne présentent pas la même régularité, mais qui néanmoins obéissent encore à certaines préférences. Les uns sont les sommités de petites accumulations coniques de matériaux qui réalisent, sur le cours même de la lave, quelque chose d'analogue aux petits cônes de la fissure initiale; les autres sont de simples fentes transversales très-étroites. Les premiers se trouvent uniquement sur les laves *composées de blocs isolés*, qui, dans la disposition très-symétrique et très-régulière qui résulte de l'apparition successive des courants particuliers qui viennent s'enchâsser l'un dans l'autre, forment la ceinture extérieure du courant général, et se dessinent *en brun foncé* ou *en brun jaunâtre*. Les petites fentes, presque exactement perpendiculaires à la direction du courant, appartiennent aux laves venues les dernières, qui se dessinent *en gris foncé* ou *en noir* dans la partie intérieure ou dans l'axe des coulées, et qui y forment des surfaces tordues et comme tressées, *mais d'une seule pièce*.

J'ai examiné aussi, à des époques différentes, ces diverses portions de la coulée proprement dite.

Du 26 au 29 mai, je n'y ai constaté que des *fumerolles sèches*, à chlorures dominants, du moins jusqu'au niveau de la première chute de la Vetrana, portion que j'ai seule alors examinée avec soin; il ne serait pas impossible que déjà à ce moment se fussent montrées, soit dans la première lave, soit dans celle du 18 mai, des fumerolles à acide sulfureux; mais elles étaient certainement peu nombreuses et peut-être concentrées dans l'intérieur du courant, où il était assez difficile, sinon impossible, d'aller les reconnaître. Sur les bords de la coulée, on ne distinguait que des fumerolles chlorurées à une très-haute température; seulement, le 29 mai, j'ai reconnu, dans la Vetrana, au pied de la colline de l'Observatoire, des fumerolles sèches qui contenaient, en même temps que les chlorures de sodium et de potassium, le chlorhydrate d'ammoniaque. L'altitude de ces fumerolles, les plus élevées où j'aie constaté la présence du sel ammoniac, peut être très-approximativement évaluée à 630 mètres (1).

Etant allé, le même jour, examiner la portion inférieure du petit courant de San-Giorgio, je n'y ai vu non plus aucune trace d'émanations sulfureuses, mais un très-grand nombre de fumerolles à chlorhydrate d'ammoniaque. J'ai négligé de constater alors par la condensation directe si ces fumerolles contenaient, en même temps que ce dernier sel, de la vapeur d'eau, ou si elles étaient anhydres comme celles d'en haut. Mais je n'hésite point à penser qu'elles étaient hydratées.

Quelques semaines après, le 17 juin, je suis allé avec MM. Palmieri et Scacchi, examiner la grande coulée au point même où elle a détruit le pont qui joignait les deux villages de Massa-di-Somma et de San-Sebastiano. Voici ce que nous y avons constaté.

Les fumerolles s'alignaient toutes parallèlement à la direction du courant, à peu de distance du bord, en dedans ou en dehors du mur extérieur de la gaîne. Cette disposition suffisait déjà, d'après ce que j'ai dit plus haut, pour faire penser que, dans cette portion inférieure, le courant était simple, et qu'aucune des émissions postérieures n'était venue s'intercaler au milieu de ce jet primitif. On s'en assure, d'ailleurs, en traversant la lave et en constatant son

(1) D'après M. Scacchi (*Annales des Mines*, 4e série, tome XVII, page 351), les fumerolles à chlorhydrate d'ammoniaque n'avaient point été observées jusqu'ici au Vésuve au-dessus d'une altitude de 400 mètres.

homogénéité et l'absence complète de ces courants d'un gris de fer, à surface tordue, qui ne sont que le résultat des émissions postérieures.

Presque toutes ces fumerolles consistaient en exhalaisons de chlorhydrate d'ammoniaque; mais il était facile de s'assurer qu'il s'en dégageait en même temps de la vapeur d'eau qui en formait même la masse principale.

Mais nous observâmes avec intérêt que quelques-unes de ces fumerolles, d'ailleurs peu considérables, laissaient échapper, en même temps que l'eau et le sel ammoniac, une très-petite quantité de soufre natif que l'on reconnaissait à son odeur aromatique particulière, et qui se déposait sur le sel ammoniac. Le papier d'acétate de plomb décelait aussi des traces d'hydrogène sulfuré : le gaz n'était pas inflammable. Ces fumerolles avaient une température fort peu élevée; elles étaient à peu près entièrement éteintes le 29 juin, tandis que les fumerolles ammoniacales voisines donnaient encore à la même époque une température de 70 à 80 degrés, et avaient plutôt acquis de l'intensité.

Les efflorescences ammoniacales que j'ai examinées laissaient à peine un résidu sensible (5 milligrammes pour 1 gramme); il paraissait consister en peroxyde de fer, provenant sans doute d'une faible proportion de chlorure. Mais quelques-unes, chauffées fortement dans un creuset de platine en altéraient la surface, probablement à cause de la petite quantité de soufre mélangée dont je viens de parler.

Pour terminer ce que j'ai à dire des fumerolles ammoniacales, j'ajouterai qu'étant retourné, le 23 juin, au même point de la Vetrana où j'avais observé, le 29 mai, des exhalaisons de chlorhydrate d'ammoniaque, je ne pus retrouver leur trace, et suis très-porté à penser qu'elles avaient disparu. Il semble donc qu'à mesure qu'avançait la période secondaire ou consécutive de l'éruption, les dégagements d'ammoniaque tendaient à diminuer dans les portions supérieures et à acquérir, au contraire, de l'intensité dans les parties les plus basses de la lave.

Il en était tout autrement des vapeurs caractérisées principalement par le chlorure de sodium. On a vu qu'elles avaient disparu complétement des cônes supérieurs sans avoir été remplacées; il en était de même des portions de la fissure où la lave s'était montrée à découvert, et où elle s'était figée par une sorte d'engorgement, comme je l'ai dit précédemment. Il ne se dégageait plus de ces points qu'un gaz parfaitement inodore, incolore, et qui m'a paru ne consister qu'en un courant d'air chaud.

Le 23 juin, m'étant rendu sur le courant situé au pied de la Vetrana, dans l'intention d'y recueillir les émanations des fumerolles sèches dans les nouveaux appareils que je venais de recevoir par l'intermédiaire obligeant de l'ambassade française à Naples (1), j'eus assez de peine à trouver, en ce point où s'était accumulée la lave sur une grande épaisseur, quelques fumerolles qui ne présentassent pas déjà quelque mélange d'acide sulfureux. Celle sur laquelle je fixai mon choix et qui avait franchement tous les caractères des fumerolles sèches, sortait d'une fissure transversale de la dernière lave; sa température dépassa tout de suite 360 degrés, et l'on pouvait aisément s'assurer qu'à moins de 2 ou 3 centimètres au-dessous de la surface, la roche présentait la température rouge, et que le bois s'y enflammait au premier contact.

On voit, par ce fait, que les fumerolles anhydres, à quelque moment de l'éruption et en quelque point de l'appareil volcanique qu'on les observe, sont toujours en relation avec des portions incandescentes de la lave, et l'on conçoit facilement, d'après cela, qu'elles disparaissent rapidement avec la haute température du courant.

En résumé, à la fin de juin, un mois après que la lave

---

(1) Je saisis cette occasion de témoigner à M. le comte de la Cour, ambassadeur de France à Naples, ma reconnaissance pour l'aide bienveillante qu'il m'a donnée, en plusieurs circonstances, dans l'accomplissement de la mission que je m'étais volontairement imposée.

eut cessé de couler, ce que j'ai appelé les fumerolles de la première période ou du premier ordre avaient donc à peu près entièrement disparu de la lave, comme de la fissure. Celles du second ordre, qui, comme nous l'avons vu, après avoir presque entièrement abandonné les portions supérieures de la fissure, s'étaient réfugiées au sommet du volcan, dans les régions du cratère qui étaient restées le plus étrangères à l'éruption actuelle, ne jouaient pas non plus un rôle important dans la portion moyenne de la lave. On en observait seulement quelques-unes, dans lesquelles l'acide sulfureux se mêlait, en proportions plus ou moins considérables, aux chlorures anhydres; mais elles n'existaient plus, ou n'avaient jamais existé dans les parties inférieures de la coulée. Là, comme je l'ai dit, se montraient quelques rares fumerolles du troisième ordre, composées de vapeur d'eau mélangée d'une très-petite quantité de soufre et d'acide sulfhydrique, tandis que le sel ammoniac, qui constitue un cinquième ordre d'émanations, y dominait absolument.

Tel était l'état général des fumerolles de la coulée proprement dite, au moment où, quittant le pays, j'ai dû cesser de l'examiner.

Pour être complet, je dois encore ajouter que, dès le 24 mai, on avait signalé des *mofettes* ou dégagements d'acide carbonique. Les points sur lesquels elles se sont montrées le plus distinctement sont les suivants : le plus élevé est placé dans le haut du Fosso-Grande, dans une caverne creusée dans le tuf, et habitée par un vieillard que l'on trouva, dit-on, asphyxié un matin; d'autres se sont déclarées à peu près à mi-hauteur entre le Fosso-Grande et la mer, sur la pente du Vésuve et dans l'ancien chemin de Resina au Salvatore; enfin, j'ai eu l'occasion d'en observer moi-même, à Resina, un peu au-dessus de l'église, et au pied de la lave de 1631. Un enfant, qui s'était endormi en ce point, avait été profondément affecté, et on l'avait, à grand'peine, fait revenir. En me baissant, je ressentis distinctement l'odeur piquante de l'acide carbonique, et un fragment de papier enflammé, plongé dans la petite cavité d'où sortait le gaz, s'y éteignit instantanément.

Ce qu'on peut remarquer au sujet de ces émanations d'acide carbonique ou du sixième ordre, c'est qu'elles se sont manifestées en des points moins élevés encore que les fumerolles ammoniacales; mais surtout, et ce qui est particulièrement caractéristique, c'est que leurs points de sortie sont tout à fait en dehors de la lave actuelle, et ne paraissent même se rapporter d'aucune manière à son gisement, bien que leur apparition se rattache incontestablement au phénomène même de l'éruption.

§ VI. — Résumé et Conclusions.

Telles sont les remarques que j'ai eu occasion de faire sur la nature et la répartition des fumerolles dans les diverses parties de l'appareil volcanique. Quelques personnes les trouveront peut-être minutieuses, et j'aurais hésité à les présenter aussi longuement s'il ne m'avait paru que ce n'est que par la constatation patiente, je dirai presque méticuleuse, de toutes ces circonstances que l'on parviendra à saisir les rapports qui dominent cet ordre de faits, et établiront plus tard un lien naturel entre des observations qui semblent aujourd'hui isolées et comme décousues.

Mais si, malgré l'imperfection actuelle de ces études, on cherche à résumer les notions qui résultent des recherches que je viens d'exposer, on voit, en définitive, que les diverses émanations qu'on pouvait observer sur la lave de 1855 se groupent assez nettement en six variétés très-distinctes habituellement, mais qui se fondent quelquefois l'une dans l'autre, à la limite. Ces six variétés ou ces six ordres d'émanations sont :

1°. Les *fumerolles sèches* ou chlorures anhydres de sodium, de potassium, de manganèse, de fer et de cuivre, auxquels peuvent s'ajouter les fluorures, comme M. Scacchi l'a montré pour la lave de 1850.

Ces cinq chlorures ne sont pas indifféremment associés les uns aux autres : ils forment deux groupes extrêmes, dont l'un, uniquement composé de sels incolores, comme les efflorescences dont l'analyse est rapportée à la page 25, comprend les chlorures alcalins; l'autre est richement coloré par les chlorures de fer et de cuivre. Le chlorure de manganèse joue un rôle intermédiaire et se trouve déjà, en proportion notable, avec les chlorures alcalins.

Dans l'éruption dont nous analysons les résultats, ces deux groupes de chlorures occupaient deux gisements distincts : le premier se dégageait exclusivement de la lave en incandescence, soit sur la fissure, soit sur la coulée elle-même; le dernier recouvrait les petits cônes adventifs qui, sur la fissure, jalonnaient les centres successifs d'émission lavique, et leur réaction sur l'oxygène et l'eau de l'atmosphère produisait des corps épigéniques, comme les sesquichlorures, les oxydes, etc. On ne le retrouvait que plus rarement sur le cours même de la lave, et c'était alors sur les petites sommités coniques dont j'ai parlé plus haut. Dans les deux cas, la température était très-élevée et dépassait 400 ou 500 degrés.

Dans ce premier ordre d'émanations anhydre, peu ou point acide, aux chlorures était associée une petite quantité de sulfates, qui se réduisait quelquefois à des traces, et pouvait être considérée comme le passage aux fumerolles d'un autre ordre.

Ces fumerolles ne contenaient, d'ailleurs, en mélange avec les chlorures, ni vapeur d'eau, ni gaz combustibles, ni acide carbonique, mais seulement de l'air sensiblement pur, comme l'avait déjà trouvé Humphry Davy pour les fumerolles analogues de 1820.

Enfin, lorsque, la lave ayant cessé de s'écouler par ses

orifices, la fissure a cessé de dégager les fumerolles anhydres, elles n'ont, en général, point été remplacées par des émanations d'un autre ordre; du moins, un mois après la fin de la période active, *sauf une seule exception*, les divers points de la fissure qui leur avaient donné issue n'étaient plus signalés que par le dégagement d'un gaz encore très-chaud, parfaitement sec, et ne paraissant consister qu'en air atmosphérique, attiré comme par une sorte de cheminée d'appel.

2°. Emanations de *chlorhydrate d'ammoniaque*. Ce chlorure n'accompagnait jamais les fumerolles précédentes, quand celles-ci se dégageaient dans la période active de l'éruption; néanmoins, je l'ai rencontré en une seule occasion, le 29 juin, associé, en proportion assez faible, aux chlorures alcalins anhydres qui sortaient de la lave, au pied de la colline de l'Observatoire, et à une hauteur d'environ 630 mètres.

Mais son véritable gisement est dans les portions de la coulée déjà refroidies à la surface, et à des hauteurs qui ne dépassent pas généralement 400 mètres : il est alors accompagné d'une quantité considérable de vapeur d'eau; et même, accidentellement, d'une trace d'hydrogène sulfuré et de soufre natif.

Ces dégagements de sel ammoniac sont susceptibles de présenter de très-hautes températures; car, sans parler des fumerolles où il accompagne les chlorures alcalins, j'en ai trouvé, le 29 juin, sur la grande lave, près du pont de San-Sebastiano, dont la température dépassait 80 degrés, et sur le petit courant de San-Giorgio, près du point où il s'est séparé de la grande lave, d'autres dans lesquelles le thermomètre marquait 135 degrés, et se serait élevé plus encore s'il y avait été plongé plus profondément.

3°. Mélange *d'acide chlorhydrique* et *d'acide sulfureux* (peut-être aussi d'acide sulfurique), entraînés par une quantité prépondérante de *vapeur d'eau*. Les fumerolles de cet ordre ne se sont présentées qu'à la cime du volcan, dans les fumerolles du cratère supérieur. Je n'ai rien vu ailleurs qui les rappelât en aucune façon. D'après l'analyse rapportée page 36, celles de ces fumerolles qui possédaient la température la plus élevée (90 degrés) et paraissaient le plus fortement chargées d'acide ne contenaient, en mélange avec la vapeur d'eau, qu'*un millième* environ de gaz étrangers, et l'acide sulfureux, dont l'odeur était dominante, ne représentait guère en poids qu'un dixième de l'acide chlorhydrique.

Autour de leurs orifices, ces fumerolles acides réagissent énergiquement sur la roche, d'où résulte d'abord un mélange de chlorures et de sulfates, semblable à celui dont la composition est rapportée page 37; mais l'acide sulfurique tendant à déplacer peu à peu l'acide chlorhydrique, les chlorures étant, d'ailleurs, tous solubles et entraînables par les eaux météoriques, les fumerolles de cet ordre, lorsqu'elles viennent à s'éteindre en quelques places, n'y laissent plus comme témoins que des concrétions gypseuses.

4°. *Vapeurs d'eau* mélangées à de très-petites quantités d'*acide sulfhydrique* ou de *soufre natif*. Ces fumerolles ne sont jamais confondues avec les précédentes; elles correspondent évidemment à une intensité volcanique moindre. Aussi leur température ne dépassait-elle pas, dans le cas actuel, 80 degrés et était généralement moindre. Elles occupaient, dans le cratère supérieur, la moitié septentrionale, comprenant la Punta del Palo, la cavité de décembre 1854 et la plaine centrale, tandis que les fumerolles chlorhydro-sulfureuses se faisaient jour dans toute la région méridionale ou des deux gouffres de 1850.

Sur le cours même de la lave, les fumerolles de cet ordre n'existaient, pour ainsi dire, pas; du moins, au 17 juin, elles n'avaient encore paru qu'en très-faible mélange avec les fumerolles ammoniacales des parties inférieures, et, le 29 juin, on n'en retrouvait même plus la trace.

5°. *Vapeurs d'eau pure.* Du 21 mai au 29 juin, je n'ai jamais observé, en un point quelconque de l'appareil volcanique du Vésuve, une seule fumerolle qui ne trahît pas de quelque manière la présence d'un agent chimique autre que la vapeur d'eau. A la même époque, au contraire, la coulée sortie de l'Etna en 1852 présentait en une foule de points de son parcours, mais surtout dans sa partie inférieure et la plus épaisse, de nombreux dégagements de vapeurs d'eau pure, à une température de 50 à 60 degrés.

La lave du Vésuve de 1855 va-t-elle subir dans ses fumerolles une transformation analogue? Voilà une question, à coup sûr, fort intéressante et qui pourra aisément être résolue par des recherches postérieures.

6°. *Mofettes,* ou dégagements d'*acide carbonique.* Comme les fumerolles ammoniacales, les dégagements d'acide carbonique ne se sont manifestés que vers la fin de la période active de l'éruption, de sorte que, quant à l'époque de l'apparition, ces deux ordres d'émanations sont opposés aux chlorures alcalins; elles semblent naître et se développer à mesure que celles-ci s'éteignent et disparaissent; elles inaugurent et caractérisent la période décroissante, comme les fumerolles chlorurées la période essentiellement active de l'éruption.

Même contraste pour le gisement. Les fumerolles anhydro-chlorurées alcalines ne se sont guère montrées au-dessous d'un niveau de 600 mètres, et là, elles se sont momentanément mélangées de chlorhydrate d'ammoniaque : de sorte que le dernier sel n'a fait son apparition que là où finissait la zone des chlorures alcalins, puis il a été en se développant de plus en plus vers le bas.

L'acide carbonique ne s'est manifesté que plus bas encore. Le point le plus élevé où il ait été observé dans le Fosso Grande ne doit pas dépasser 400 mètres, et je l'ai trouvé presque au niveau de la mer, à Resina.

Mais ce qui établit entre les mofettes et tous les autres

ordres d'émanations une différence essentielle, c'est que ces dernières, *toujours thermales,* en quelque point de la lave qu'elles se montrent, sont en relation évidente avec elle, tandis qu'il en est tout différemment des points où s'est dégagé l'acide carbonique, d'ailleurs *toujours froid.*

Ces mofettes sont cependant, à n'en pas douter, un effet de l'éruption, dont elles sont, en quelque sorte, le dernier acte. Ne pourrait-on même pas les y rattacher de la manière suivante? Trois points, à ma connaissance, ont été envahis par ce dernier ordre d'émanations. Les deux inférieurs, que j'ai observés moi-même, se trouvaient, l'un à Resina, à l'angle nord de la petite plantation située près de l'église *S. Maria a Pugliano,* l'autre près de l'ancienne route du Salvatore, en un point désigné sur la carte du Bureau topographique sous le nom de *Genovese.* Or, en joignant sur la carte ces deux points par une ligne, il est aisé de se convaincre qu'elle passera au sommet du Fosso Grande où se trouvait le troisième dégagement des mofettes, et que prolongée, elle ira couper le cratère supérieur du Vésuve dans l'angle nord, c'est-à-dire précisément au point où s'est formée la cavité de 1854, premier acte de l'éruption actuelle : de sorte que cette éruption aurait déterminé deux fissures diamétrales, partant du même point où s'était déclarée l'éruption gazeuse du mois de décembre dernier, et à peu près perpendiculaires l'une sur l'autre (l'angle construit est d'environ 102 degrés). L'une de ces fentes a fourni la lave, et l'autre aurait donné, quelques jours après, issue aux mofettes, précisément dans la direction où s'observent, comme on sait, à chaque grande éruption, la disparition des eaux de puits, leur enrichissement en acide carbonique, etc.

Si cette coïncidence se confirmait par des observations ultérieures, ce serait évidemment par là que se rattacherait au phénomène général de l'éruption l'apparition des mofettes qui semble d'abord, au moins par leur gisement, en être indépendante.

Mon intention ne peut être d'aborder ici d'une manière générale les nombreuses questions qui se rattachent au sujet que j'ai traité dans ce travail. Mais il est difficile de n'être pas frappé du contraste entre les résultats que je viens de signaler et ceux que M. Boussingault a fait connaître dans ses remarquables Mémoires (1) sur les matières volatiles des volcans de l'équateur. Là, point d'acide chlorhydrique ni de chlorures, mais seulement de la vapeur d'eau entraînant de l'acide carbonique, de l'acide sulfhydrique, de la vapeur de soufre. Une seule fois, au volcan de Cumbal, ce savant chimiste indique l'acide sulfureux, mais il en voit et en cite immédiatement la cause dans la combustion, au contact de l'air, du soufre, élevé à une haute température.

Donc, en réalité, on n'observe dans les cratères de l'équateur que les deux derniers ordres d'émanations que je viens d'énumérer au Vésuve. Mais aussi ces colosses volcaniques ne sont que des solfatares, et leurs éruptions se bornent le plus souvent à des éjections de matières gazeuses, entraînant parfois accidentellement des blocs violemment expulsés. L'absence de laves proprement dites vient confirmer la connexion, qui ressort de mon travail, entre l'existence des *fumerolles sèches* et le voisinage immédiat de masses lithoïdes incandescentes.

Les intéressantes recherches de M. Bunsen sur les produits de l'éruption de l'Hékla, en 1845, me semblent de nature à confirmer les résultats précédents. En effet, bien que le savant professeur de Heidelberg soit arrivé trop tard sur les lieux pour pouvoir observer directement les fumerolles qui s'échappaient de la lave incandescente et s'assurer si elles étaient anhydres comme celles que j'ai examinées au Vésuve en 1855, on voit que quelques-unes des émanations primitives de l'éruption devaient être fort riches en chlorures ou en acide chlorhydrique, puisque, malgré la grande

---

(1) *Annales de Chimie et de Physique*, 1re série, tome LII, page 5.

solubilité de ces sels, les masses humides qui, plusieurs mois après, entouraient le soufre fondu dans l'intérieur du cratère le plus élevé et le plus considérable, présentaient, pour 8 de sulfates, 19 de chlorures (1).

Les enduits d'un autre cratère contenaient 95 de sulfates et 5 environ de chlorures; et ceux-là, d'après M. Bunsen, résultaient de sublimation : enfin, les produits d'une fumerolle du *courant de lave inférieur*, caractérisée par l'absence complète d'acide sulfureux, présentaient jusqu'à 81 pour 100 de chlorhydrate d'ammoniaque.

On voit assez nettement, ce me semble, les résultats de trois ordres différents d'émanations, situés très-sensiblement dans les positions que je leur ai reconnues au Vésuve.

L'examen des produits volatils amènent aussi aux mêmes conclusions; car si, à cette période secondaire des phénomènes, les gaz sulfurés et l'acide carbonique dominaient, les dernières traces d'acide chlorhydrique se retrouvaient encore « dans les fumerolles nées quelques mois auparavant » lors de la dernière éruption de l'Hékla, ainsi que dans les » sources de vapeur qui jaillissaient du courant de lave qui » s'est formé alors (2). »

On voit donc que là aussi l'acide chlorhydrique avait accompagné la période active de l'éruption et ne se retrouvait plus que dans les dernières traces de cette période primitive, ou, combiné à l'ammoniaque, dans les portions *inférieures* de la lave qui se refroidissaient, tandis que les combinaisons du soufre se montraient encore, et que l'acide carbonique, dernier représentant des matières gazeuses, était l'élément que le volcan mélangeait alors le plus abondamment à l'air atmosphérique.

Une autre question se présente naturellement. Après avoir constaté quels sont les éléments qui constituent ces

(1) *Annales de Chimie et de Physique*, 3e série, tome XXXVIII, page 260.
(2) *Annales de Chimie et de Physique*, 3e série, tome XXXVIII, page 259.

diverses fumerolles et à quel état ils s'y trouvent, il est naturel de se demander quel était leur état initial avant qu'ils subissent le contact de l'air ou même celui des roches d'où ils s'échappent immédiatement. Cette question, qui se rattache intimement à celle de l'origine des eaux minérales et des filons métallifères, a été traitée déjà un grand nombre de fois, et il est clair que, au point de vue purement chimique, elle est susceptible, pour chacun des éléments en particulier, de plusieurs solutions.

Le véritable contrôle de ces solutions repose uniquement dans l'examen des conditions géologiques, et cet examen comparatif me ferait sortir du cadre limité de ce Mémoire. Je me bornerai donc à mentionner ici celle de ces solutions qui me paraît avoir pour elle au moins le mérite de la plus grande simplicité : c'est celle qui consiste à supposer que les cinq éléments électro-négatifs qui jouent un rôle actif dans les émanations (oxygène, chlore, soufre, azote, carbone) étaient originairement combinés avec l'hydrogène, qui forme avec chacun d'eux des composés gazeux ou volatils, acides, neutres ou basiques. Dans cette manière de voir, que je me propose de développer et à l'appui de laquelle j'ai déjà recueilli et même publié des faits et des expériences, l'hydrogène serait considéré comme le corps essentiellement entraînant ou *volatiliseur* (pour me servir des expressions employées par M. Durocher), et l'oxygène comme le corps essentiellement *fixateur*.

Je pense donc que le chlorhydrate d'ammoniaque, comme les autres chlorures, comme les composés sulfurés, comme la vapeur d'eau, enfin, que l'on voit s'échapper de la lave plusieurs mois et plusieurs années après sa venue au jour, doit être considéré comme ayant fait partie intégrante de cette lave dès l'instant même de sa sortie. Et je ne vois aucun moyen d'échapper à cette conclusion qui ressort de toutes les circonstances de l'éruption.

Mais alors on est aussi obligé d'admettre que, dans l'intérieur de cette lave incandescente, il y a un arrangement singulier de molécules qui permet aux matières gazeuzes et volatiles de s'y maintenir comme emprisonnées. Au fur et à mesure du refroidissement, cet équilibre instable tend à se modifier; certaines substances se dégagent du magma, mais non pas toutes en même temps, et elles se délimitent, sous ce rapport, avec une netteté que j'ai cherché à faire ressortir dans mon Mémoire.

Telle a été, au moins, pour l'éruption du Vésuve qu'il m'a été permis de suivre avec soin, la série des phénomènes qui ont signalé le dégagement des matières volatiles sur la lave même et sur les autres parties du volcan en connexion avec elle. Ces phénomènes se poursuivent encore en ce moment, et leur étude persévérante pourrait, sans aucun doute, éclaircir la question. Cette histoire une fois ébauchée pour une éruption, il restera à la compléter pour les suivantes, et surtout à constater si la marche de ces manifestations est sensiblement constante ou si elle varie pour chaque éruption.

PARIS. — IMPRIMERIE DE MALLET-BACHELIER,
rue du Jardinet, 12.

www.ingramcontent.com/pod-product-compliance
Ingram Content Group UK Ltd.
Pitfield, Milton Keynes, MK11 3LW, UK
UKHW021945260726
13994UKWH00004B/1539